ZIRCUS

Günter Grün

# Leselöwen
# Eisenbahngeschichten

Zeichnungen von Heribert Schulmeyer

Loewe

*Der Umwelt zuliebe ist dieses Buch auf chlorfrei gebleichtem Papier gedruckt.*

ISBN 3-7855-4374-3 – 2. Auflage 2003

Umschlagillustration: Heribert Schulmeyer
Gesamtherstellung: sachsendruck, Plauen
Printed in Germany

***www.loewe-verlag.de***

# Inhalt

# Ein Hamster fährt Eisenbahn

Niklas ist der coolste Junge in der dritten Klasse. Er kaut die ganze Zeit Kaugummi. Er trägt eine Baseball-Kappe. Er nennt sich Nick, weil das mehr fetzt. Und er ist sogar schon mal in der Diesellok mitgefahren. Jetzt will er Lokführer werden, wenn er groß ist. Klar.

„Das ist ein richtiger Beruf für Männer", sagt er zu seinem Freund Tim. „Nichts für Mädchen. Schließlich hat das was mit Technik zu tun. Davon verstehen die nichts."

Das hat Nick mal im Fernsehen gehört, und es hat ihm gefallen.

Tim wiegt nachdenklich den Kopf hin und her. „Ich weiß nicht. Die Julia aus der 3b hat sogar eine eigene Modelleisen-bahn."

„Na und, was soll das schon heißen?", tut Nick die Sache ab. Aber er beißt sich doch nachdenklich auf die Lippen. So eine elektrische Eisenbahn hätte er auch wahnsinnig gern. Seit Monaten spart er jeden Cent. Mist, dass Julia ein Mädchen ist. Sonst könnte er sie mal besuchen. Sie wohnt nur zwei Häuser weiter als er.

Beim Pausenverkauf steht Nick zufällig direkt hinter Julia.

„Stell dir vor", sagt sie zu ihrer Freundin, „mein Hamster ist jetzt Lokführer in meiner Eisenbahn. Der macht das echt gut. Krass, was?"

Und Nick, der einmal Lokführer werden will, überlegt nicht mehr lange und platzt heraus: „Wirklich? Darf ich das mal sehen?"

Julia dreht sich erstaunt um und mustert ihn von oben bis unten. „Das ist ja Nick, der Coole", sagt sie grinsend. „Und du willst meinen Hamster in der Eisenbahn sehen? Meinetwegen, wenn du willst, komm heute Nachmittag vorbei."

Und Nick besucht Julia tatsächlich. Die

Eisenbahn fährt ihre Runden zwischen Häuschen und Bäumchen. Die beiden beobachten den furchtlosen Goldhamster, der in der Lok sitzt, eine Bahnermütze aus Papier auf dem wuscheligen Kopf trägt und mit seinen schwarzen Augenknöpfen frech in die Landschaft guckt, als wollte er sagen: „Hab ich es super? Oder was?“

Nick und Julia gucken beide durch das Tunnel-Loch im Berg. Jeder erblickt am anderen Ende ein großes Auge.

„Ich kann dich sehen“, ruft Nick gerade.

Und dann – „Au!“ – gibt es eine Entgleisung, weil der Zug gegen Nicks Hinterkopf rast. Glücklicherweise ist der Hamster unverletzt! Aber er bekommt einen Schmerzenskeks mit Schokostreuseln. Nur gegen den Schreck.

„Und was bekomme ich?“, fragt Nick.

„Was fehlt dir denn?“, fragt Julia.

„Was mir fehlt? Ich krieg bestimmt eine Beule.“

Julia befühlt Nicks Kopf. Sie kann nichts feststellen. Er schreit trotzdem auf.

„Oh Mann, bist du vielleicht empfindlich", sagt Julia. „Ich dachte, du bist cool. Hier, nimm auch einen Keks."

Als sie beide kekskauend vor der Eisenbahn sitzen und Julia die Schienen wieder in Ordnung bringt, fragt Nick: „Du, Julia, willst du auch mal Lokführerin werden?"

„Ach Quatsch!" Julia schüttelt den Kopf. „Ich werde Brückenbau-Ingenieurin und baue die großen Brücken, über die der ICE fährt."

„Krass", sagt Nick bewundernd und ist sich gar nicht mehr sicher, ob er wirklich Lokführer werden will.

# Die Drachenlok

Heute wollen Daniela und Tom ihre Mutter von der Arbeit abholen. Obwohl es draußen Winter ist und schon dunkel und dazu noch neblig. An einem solchen Abend freut sie sich bestimmt, wenn sie nicht allein nach Hause gehen muss. Die Kinder rennen die schmale Straße über das Bahngelände entlang, die man

eigentlich nur betreten darf, wenn man bei der Bahn arbeitet.

Hier ist der Nebel gelb von den starken Lampen, welche die Gleise beleuchten. Unter den Schuhen klirren Schottersteine. Eine kleine Rangierlok tuckert am Gleis neben ihnen vorbei. Sie spüren die Wärme des Dieselmotors, riechen das Motorenöl. Der Lokführer lehnt aus dem Fenster, er hat sie nicht bemerkt.

Plötzlich wird Tom quengelig. „Ich mag nicht mehr“, sagt er und sieht Daniela an.

„Aufgeben geht jetzt nicht! Du wolltest Mama abholen, also holen wir sie ab!“, schimpft seine große Schwester. „Guck, wir sind schon da, da vorne die hellen Fenster – das ist das Stellwerk, da arbeitet Mama, schaut auf ihren Monitor und stellt die Weichen, damit die Züge auf den richtigen Gleisen fahren!“

„Wo?“, fragt Tom ängstlich und sucht Danielas Hand.

In der Tat – auf einmal hat der Nebel die Fenster verschluckt. Und außerdem fängt es an zu schneien. Gut, dass Daniela die Richtung im Kopf hat. Die Füße stolpern über die Gleise. Irgendwo wird gerade ein Güterzug zusammengekoppelt, sie hören das Klirren, den Aufprall der Puffer, der sich von Waggon zu Waggon fortsetzt. Von ferne nehmen sie die Signale der Trillerpfeifen wahr. Sie kennen das alles ganz genau. Sie erleben es ja täglich vor

dem Fenster ihres Kinderzimmers. Bei Tage ist das schmale Stellwerk-Gebäude mit der breiten Front aus Glas in einiger Entfernung gut zu erkennen, sogar die Männer und Frauen hinter den Scheiben. Die haben Mützen auf wie auch ihre Mutter, und manchmal winken sie den Kindern.

„Was ist das?“, flüstert Tom plötzlich in Panik.

Oh weh, da rauscht und zischt etwas heran, stampft und stöhnt, faucht und pfeift, ein gewaltiges Ungetüm ... „Das muss die Drachenlok sein! Die Drachenlok kommt immer nachts, sie speit Dampf und Feuer!“ Tom hält sich die Hände vor die Augen und macht sich ganz klein. Auch Daniela ist es auf einmal komisch ums Herz, aber das darf sie dem Bruder auf keinen Fall zeigen.

„Drachenloks tun nichts!“ Danielas Lippe zittert. „Das sind nur Gespenster aus alter Zeit, weiter nichts ...“

Aber das Rauschen und Zischen, das Stampfen und Stöhnen wird immer lauter. Da kommt ein Pfiff, pfffffffiiiiii ... Da sind die glühenden Augen, sie werden größer, riesig, heben sich in die Luft, und die Drachenlok braust über sie hinweg. Der lange Schwanz rattert und klirrt immer höher davon, immer höher ...

Die Mutter betritt die Wohnung. Sie kommt von der Spätschicht, hängt ihre Eisenbahnermütze und die Jacke an die Garderobe.

„Hu, ekliges Wetter heute“, sagt sie in Richtung Küche, wo der Vater auf sie bei Abendbrot und heißem Tee wartet.

Vorsichtig öffnet sie die Kinderzimmertür und lässt einen Spalt Licht hinein. Sie lächelt. Neben Toms Kopfkissen steht die hölzerne Spielzeuglokomotive, im anderen Bett sieht sie nur die Zudecke. Sie tritt

näher, hört das leise Schnarchen von Daniela, die sich wieder einmal die Decke über den Kopf gezogen hat. Sie zupft die Decke zurecht und streicht ihrer Tochter über das verschwitzte Haar. Tom streckt die Arme nach ihr aus. Seine heiße Wange erschrickt vor ihrem kalten Gesicht. „Habt ihr wieder Stellwerk gespielt vor dem Einschlafen?“, fragt die Mutter leise.

# Eine verdächtige Reisebekanntschaft

Heute reist Christian zum ersten Mal allein mit dem Zug. Seine Mutter bringt ihn zum Bahnhof. Bevor er losfährt, ermahnt sie ihn noch einmal.

„Finkenwald musst du aussteigen, das ist die zweite Station. Und pass auf den Rucksack auf, besonders im Tunnel! Den teuren Walkman nimmst du lieber gar nicht erst raus. Und nicht aus dem Fenster lehnen! Und sei vorsichtig, wenn Mitreisende auffällig nett tun, du weißt …“

„Jaaa!“, stöhnt Christian. „Ich bin schließlich achteinhalb!“

„Und von Tante Gabi aus sofort anrufen, hörst du?“

Christian verdreht die Augen und ist froh, als der Zug sich in Bewegung setzt. Dann schiebt er das Fenster hoch.

Ihm gegenüber hat ein Mann Platz genommen. Er hat sich hinter einer Zeitung verschanzt. Ein Angler, wie es scheint. Im Gepäcknetz liegt ein länglicher Behälter aus grobem Segeltuch, in dem gut eine Angel stecken könnte.

Aber irgendetwas ist an dem Mann

verdächtig. Nicht, dass er auffällig nett ist, denn er spricht ja kein Wort. Aber Christian weiß, dass Angler gewöhnlich in aller Herrgottsfrühe zum Angeln gehen, nicht jetzt um elf.

„Ich darf nicht zeigen, dass ich etwas ahne“, denkt Christian. „Ich nehme jetzt den Walkman raus und höre ganz entspannt meinen Hörspiel-Krimi.“

„Du hast aber einen schönen Walkman“, sagt da der Mann und faltet die Zeitung zusammen. Er hat eine kleine Narbe auf der Nase und einen roten Vollbart. Die Augen verbergen sich hinter dunklen Brillengläsern. Sehr verdächtig.

„Hast du schon mal geangelt?“, kommt es da auch schon.

„Hm“, macht Christian. Sein Blick fällt auf die Zeitungsblätter, die sein Gegenüber neben sich gelegt hat. Dazwischen liegt ein Foto, das der Bärtige aber rasch mit der Hand verdeckt und in seiner Jackentasche verschwinden lässt. Trotzdem hat Christian erkannt, dass das Bild einen rothaarigen Jungen zeigt.

„Ich geh mal auf den Gang“, murmelt Christian, erhebt sich und nimmt den Rucksack. Kaum aber ist er draußen, da überlegt er, ob das wohl falsch war. Zeigt er damit nicht Angst? Doch jetzt ist es zu spät. Er stolpert den Gang entlang – im ganzen restlichen Wagen sitzt nur ein einziger Reisender. Kann er den notfalls um Hilfe bitten?

Langsam bereut Christian, dass er unbedingt allein zu seiner Tante reisen wollte. Aber sie hat einen neuen Freund, den er gerne kennen lernen will. Und ihm bei der Gelegenheit gleich beweisen, dass er kein Hosenscheißer ist. Christian beschließt, sich in der Toilette einzusperren und erst nach dem Tunnel wieder rauszukommen. Kurz vor Finkenwald.

Er schlüpft in die enge Kabine. Da bremst der Zug und kommt zum Stehen. Leider hat das Fenster Scheiben aus Milchglas. Christian kann nicht sehen, ob das schon der erste Bahnhof ist oder nur ein Halt auf freier Strecke. Soll er sein Versteck noch einmal verlassen, um nachzuschauen? Zu spät, schon rollt der Zug wieder an.

Auf einmal wird es schlagartig dunkel. Die Notbeleuchtung flackert auf. Das Rollen der Räder wird zum lauten Rauschen. Ist das der Tunnel? Oder ...? Auf dem Gang hört Christian schwere, hastige Schritte. Das muss der falsche Angler sein. Ob er ihn sucht? Entsetzt entdeckt Christian, dass er die Tür nicht verriegelt hat. Er holt es schnell nach. Der Verfolger ist vorübergetrampelt. Da ist es wieder hell. Das wäre geschafft!

Christian öffnet ganz, ganz vorsichtig die Tür. Die Luft ist rein. Da bremst der Zug. Ist das der zweite Bahnhof? Ist das Finkenwald? Christian beschließt, den Wagen erst nach dem Abfahrtspfiff zu verlassen. Der Bärtige wird nicht riskieren, ihm nachzuspringen.

Christian zieht sich noch einmal in die Toilette zurück. Der Zug hält. Stimmen auf dem Bahnsteig. Endlich die Durchsage: „Vorsicht bei der Abfahrt!“

Wie der Blitz schießt Christian aus

seinem Versteck und rennt zur Waggontür. Gerade noch rechtzeitig springt er hinab auf den Bahnsteig. Ein Schrei ... hinter ihm zischt die automatische Türverriegelung.

Der Schrei kam allerdings von Tante Gabi. „Da ist er ja!“ Sie reißt Christian an sich wie ein kleines Kind.

„Ich bin halb tot“, schnauft plötzlich der Angler neben ihr. „Auf einmal war der Bursche weg! Ich bin durch den ganzen Zug gerast. Schließlich hatte ich doch versprochen, kein Auge von ihm zu lassen, hatte zur Sicherheit noch das Foto ..."

„Das ist dein neuer Onkel Eike", erklärt Tante Gabi und lacht unter Tränen. „Den hatte ich dir entgegengeschickt als geheimen Leibwächter. Sicher ist sicher."

Schweißperlen stehen dem Onkel auf der Stirn. Christian fragt lässig: „Sie hatten doch nicht etwa Angst?"

Gleich vom Bahnhof aus fahren sie an den Angelsee. So spät angeln sie natürlich nichts, nur einen alten Schuh.

# Die Weltreise

„Das eine sag ich dir“, schreit Herr Schneider, „wenn dein Bengel Jan noch einmal seinen Ball auf unsere Rosen kickt, dann ...“

„Ja, was dann?“, fragt Herr Weinzapf lauernd.

„Dann ... dann hagelt es Ärger.“

„Pech“, bemerkt Herr Weinzapf scheinbar ruhig. „Aber wenn dein Früchtchen Helge noch einmal eine einzige Birne bei mir klaut, dann garantiere ich für überhaupt nichts mehr!“

Jan und Helge sitzen hinter der Hecke und schütteln den Kopf. Immer dieses Theater zwischen ihren Vätern! Die Mütter sagen sich schon längst nicht mehr Guten Tag. Und das, wo sie beide doch die besten Freunde sind!

Sicher, es stimmt schon, dass Jan und Helge ständig was anstellen. Mal der eine, mal der andere. Meistens zusammen. Und die Eltern behaupten jeweils, der andere hätte den eigenen Sohn angestiftet.

Eines ist klar: So kann es nicht weitergehen. Helge und Jan hecken einen Plan aus. Sie wollen von zu Hause weg.

Sie planen alles ganz genau. Sammeln Schokoriegel und Chips, Colas, Gummibärchen, alles, was man unterwegs so braucht.

Am Sonntag schlafen Familie Schneider und auch Familie Weinzapf länger. Aus zwei Nachbarhäusern stehlen sich zwei bepackte Jungen davon, zum Bahnhof.

Der Bahnhof ist kein richtiger Bahnhof mehr, nur eine Haltestation, und Jan und Helge sind heute die einzigen Reisenden. Sie drücken probeweise die Knöpfe am Automaten.

„Vielleicht gibt es sonntags Gratisfahrkarten“, meint Jan grinsend.

„Ne.“ Helge schüttelt den Kopf. „Dann fahren wir halt schwarz.“

Da kommt auch schon der Zug. Der Zugbegleiter springt heraus und hilft ihnen samt Rucksäcken in den Wagen. „Morgen, die Herren! Na, schon so früh allein unterwegs?“

„Wir reisen zu Verwandten“, antwortet Jan, und Helge fügt ernst hinzu: „Ganz weit weg!“

Ein wenig Bauchkribbeln haben sie schon, als der Zug nun losfährt. Im Wagen sitzt kein einziger anderer Fahrgast.

Der Zugbegleiter hat etwas Zeit und setzt sich zu ihnen. Er fingert an seinem Fahrscheincomputer herum: „So, ihr reist also zu Verwandten. Zu einer Tante?“

„Zu meinem Großvater“, schwindelt Jan schnell.

„Zu meiner Oma!“, platzt Helge im

gleichen Moment heraus. „Wir sind Brüder“, fügt er geistesgegenwärtig hinzu.

„Bestimmt will der Mann gleich die Fahrscheine sehen“, denkt Helge. „Am besten, wir lenken ihn ab.“

„Wir sind schon im vierten Schuljahr“, flunkert er munter drauflos.

„Und ihr geht in dieselbe Klasse?“

Beide Jungen nicken, diesmal ist es nicht geschwindelt. Jedenfalls fast nicht, denn sie sind in der dritten Klasse.

„Merkwürdig“, brummt der Zugbegleiter und blickt von einem zum anderen. „Ihr seid Brüder und geht in dieselbe Klasse? Seid ihr Zwillinge?“

Wenn man einmal schwindelt, gibt es nur eins: weitermachen. „Ich habe eine Klasse übersprungen“, erfindet Jan, „weil ich so gut in Mathe bin.“

„Du – gut in Mathe?“, rutscht es Helge heraus.

Der Mann steht auf. „Ihr seid ja zwei ganz ausgeschlafene Burschen! Dann kommt mal mit. Ich habe vorn ein Telefon. Sicher wollt ihr euren Großeltern Nachricht geben, dass ihr schon unterwegs seid. Wo sie wohnen, wisst ihr ja wohl, oder?“

„Logisch“, antwortet Jan. „In Neuendorf!“

„In Altendorf“, sagt allerdings Helge gleichzeitig. Da wohnen seine Großeltern wirklich. Zum Glück merkt der Mann nichts.

Helge nennt die Nummer vom Altendorfer Opa. Der Zugbegleiter wählt sie und reicht den Hörer an Helge. Tatsächlich ist da die Stimme von seinem Opa. Helge stammelt was von Käsekuchen, den er und sein Freund Jan so gern essen.

„Was, wieso?“, ruft sein Opa aufgeregt in den Hörer. Helge legt schnell auf.

Der Zugbegleiter kratzt sich unter der Mütze. „Hm, Altendorf. Das heißt, in Mittelbach umsteigen! Ich sag euch rechtzeitig Bescheid.“

Er schickt die Weltreisenden zurück auf ihre Plätze. Sie sinken in die Polster.

„Das ist ja gerade nochmal gut gegangen“, stöhnt Helge.

„Nach den Fahrscheinen hat er gar nicht gefragt!“, sagt Jan erleichtert.

Bis Mittelbach dauert es eine ganze Weile. Jan und Helge essen Chips, gucken aus dem Fenster und überlegen, wo sie jetzt eigentlich hinwollen.

Doch auf dem Bahnhof in Mittelbach wartet eine Überraschung auf sie. Helges Opa!

„Der Zugschaffner hat mich angerufen, gleich nach unserem seltsamen

Gespräch“, erklärt er. „Gott sei Dank! Ihr seid ja zwei schöne Ausreißer! Eure Eltern habe ich natürlich auch sofort angerufen. Sie kommen zusammen im Auto hierher.“

„In *einem* Auto?“, fragen Jan und Helge erstaunt.

„Ja.“ Helges Opa nickt. „Kaum zu glauben, nicht wahr? Und stellt euch vor, wir gehen sogar alle zusammen noch Käsekuchen essen.“

# Eine Zugbekanntschaft für Papa

Solange David sich erinnern kann, lebt er allein mit seinem Papa. Denn Papa findet einfach keine passende Freundin. Papa sagt, dass er auch keine will. Aber David weiß es besser. Papa ist einfach schüchtern. Und außerdem sind sie immer mit dem Auto unterwegs, nie mit dem Zug, wo man nette Leute kennen lernen kann. Papa sagt, er will nicht mit dem Zug fahren, weil David dann bestimmt jeden voll quatscht. Denn David ist gar nicht schüchtern, im Gegenteil.

Endlich hat David Papa so weit: Heute reisen sie mit der Bahn.

„Nicht vergessen: Du hältst den Mund und sprichst nicht alle Mitreisenden an“, warnt Papa ihn ein letztes Mal, als die Regionalbahn einfährt.

„Ich werde stumm sein wie eine Kaulquappe, Papa!“, versichert David.

„Und du erzählst keine Witze, dass man sich schämen muss? Flunkerst nicht das Blaue vom Himmel? Von wegen: Wir haben zu Hause ein Krokodil, besuchen Sie uns mal?"

„Ich bin schweigsam wie ein Regenwurm, Papa. Versprochen!"

Sie fahren im ersten Wagen. David sieht sich um. Schräg gegenüber sitzt eine junge Frau und schreibt in eine Mappe. Jenseits vom Gang – eine Frau in Papas Alter, hübsch, blond, mit einem Band im Haar und dunkelblauen Augen. Sie liest.

„Hm-m!" David räuspert sich, aber sie blickt nicht auf. Er guckt Papa an.

Typisch! Der probiert nicht mal, mit der

netten Frau ins Gespräch zu kommen. Die Telegrafendrähte vor dem Fenster findet er interessanter, die Autos hinter Halbschranken. David steht auf und schiebt sich in die Nähe der blonden Dame.

„Wir könnten Witze erzählen“, beginnt er. „Was ist der Unterschied zwischen einem Eierkuchen und einem Kroko...“

Papa wirft David einen drohenden Blick zu. David verzieht das Gesicht. Okay, okay, er wird nie wieder was sagen.

Die Reihen weiter vorn sind fast leer. Doch dann entdeckt David hinter der halb offenen Glastür des Cockpits neben dem Lokführer eine Frau mit brauner Ponyfrisur, hellblauer Bluse und dunkelblauer Jacke. Es ist die Schaffnerin.

David klopft ein „Hallo!“ an die Scheibe. Sie winkt. David fühlt sich eingeladen. Er rutscht auf den freien Sitz neben der netten Frau.

„Na?“, fragt sie. „Willst du später auch mal Zugführer werden?“

Er beißt sich auf die Lippen, beobachtet die Schalter und Lämpchen. Das da muss der Tacho sein, die Nadel zeigt 100. Vor der Frontscheibe fliegen die Gleise vorbei. Plötzlich gibt es einen Summton, der Lokführer drückt eine Taste, und der Ton bricht ab.

„Die Sicherheits-Automatik“, erklärt die Schaffnerin. „Schläft der Lokführer ein und schaltet deshalb den Ton nicht ab, hält der Zug sofort an.“

„Der schläft schon nicht ein, ich bin ja jetzt da!“ Davids Mund hat sich ganz von selbst aufgetan. Und betraf die väterliche Ermahnung nicht ausdrücklich nur Mitreisende? David sagt gedehnt: „Züge steuern? Ich? Nein, ich werde mal Erfinder. Wie mein Papa.“

„Erfinder? Oho! Was hat dein Papa denn erfunden?“

„Oooch – gestern zum Beispiel die Magnet-Schwebebahn.“

Die Frau lacht. „Die gibt es schon. Demnächst, in China.“

David zuckt nicht mit der Wimper: „Nach China fahren wir gerade! Wir bauen sie dort auf, die Magnet-Schwebebahn.“

„Hm. Das Problem sind die Gleise, oder?“

„Gleise? Die fallen flach!“ David schüttelt den Kopf über so viel Unkenntnis. „Die Bahn heißt ja Schwebebahn!“ Er gerät ins Erfinden: „Die neue Schwebebahn fliegt wie ein Luftschiff über

Berg und Tal. Ohne Motor, denn schließlich ist sie umweltfreundlich. Die Wagen sind aus Eisen. Auf dem nächsten Bahnhof, hoch auf dem Dach, steht ein großer Magnet: Klack! zieht er die Bahn zu sich ran ..."

„Toll! Und wie steigt man ein, so hoch auf dem Dach?"

„Mit Strickleitern", sagt David. „Null Problem."

Die Frau lacht herzlich, teilt einen Kaugummi und bietet David die Hälfte an: „Hat eure Bahn auch einen Speisewagen?"

„Klar. Es gibt Eierkuchen aus Krokodileiern. Mein Papa und ich haben in der Badewanne auch ein Krokodil. Das legt täglich ..."

In diesem Moment vernimmt David hinter sich Papas erleichterte Stimme: „Gott sei Dank, Junge, hier steckst du ..."

An der nächsten Station wird die nette Schaffnerin von einem Kollegen abgelöst. Sie fährt aber noch ein paar Stationen mit.

So kommt man doch noch ins Gespräch. Vater erzählt, dass sie zu einer Erfindermesse fahren und dass er dort seine neue Erfindung vorführen wird, einen garantiert reißfesten Eierkuchen. Das ist nicht mal gelogen. Er ist nämlich Chefkoch im Bahnhofshotel.

„Hut ab!“, ruft die neue Bekannte. „Und wer versorgt derweil das Krokodil?“

## Auf Klassenfahrt

Herr Meisel hat gesagt, sie sind alt genug, um zu wissen, wie man sich auf einer Klassenfahrt benimmt. Und er denkt nicht daran, im Zug herumzulaufen und einzeln zu kontrollieren, ob Simone ihren Gameboy ohne Musikgedudel betreibt oder ob Lars seinen Tetrapak unter die Bank schmeißt. Herr Meisel sagt, er verlässt sich auf sie.

Sie fahren. Die Klasse hat sich im ganzen Zug verteilt. Herr Meisel sitzt mit seinen Bravsten ganz vorn und spielt mit ihnen Stadt – Land – Fluss. Im Abteil ganz hinten sitzen Tobias, Simone, Lars und Oli. Den Platz am Fenster hat ein Opa mit weißem Bürstenhaarschnitt. Er trägt einen kleinen Computer auf den Knien, einen Laptop. Er tippt.

Simones Gameboy zirpt und blubbert. Der Sammelkarten-Tausch beginnt friedlich. Lars sticht seinen Eistee an.

Der Zugbegleiter, ein junger Typ, kommt vorbei. Er grinst dem Bürstenhaarschnitt-Opa freundlich zu, die beiden scheinen sich zu kennen.

Allmählich erreicht das Gespräch normale Lautstärke: „Du Knalltüte! Gib mir sofort die Karte zurück!“ Oli verlangt von dem Opa, dass sie Plätze tauschen. Er möchte ans Fenster.

„Wozu möchtest du ans Fenster, Oli?“, fragt da der Opa.

„Woher kennen Sie meinen Namen?“, fragt Oli verblüfft zurück.

„Mein Computer weiß alles!“ Der Opa pocht mit hartem Knöchel gegen den Laptop. Lars verschluckt sich vor Schreck am letzten Schluck Eistee, und die Hand, die gerade die Packung unter die Bank schleudern wollte, erstarrt.

Der alte Mann grinst ihn freundlich an: „Nicht erschrecken, Lars. Ich bin der Aufsichtsrat der Deutschen Bahn. Mein Name ist Doktor Klugmann.“

„Doktor Klugmann?“, hustet Lars. „Und Sie ... haben ... hier die Aufsicht?“

„Natürlich. Und als Aufsichtsrat rate ich dringend, sich in der Deutschen Bahn zu benehmen.“

Simones Gameboy hört schlagartig auf zu zirpen.

Tobias macht einen langen Hals, um einen Blick auf den Laptop-Bildschirm zu werfen, aber der Aufsichtsrat dreht ihn von ihm weg.

„Und wie heiße ich?“, fragt er testend.

Der Opa runzelt die schwarzen Brauen. Sein Blick durchbohrt Tobias: „Du bist der Tobi! Stimmt's?“

Tobias zuckt zusammen. Tatsächlich rufen ihn alle seine Freunde Tobi. Wie kann der Computer sogar ihre Spitznamen wissen?

Inzwischen sind die anderen

aufmerksam geworden. Jemand hat ihnen Bescheid gesagt. Das Geschrei im Wagen verstummt. Die Klasse drängt sich im Gang, alle wollen einen Blick auf Doktor Klugmann werfen.

Tobias schiebt die Glastür zu: „Haut ab, zu euch kommt er nachher!"

Aber jemand hat den Fuß dazwischen, es gibt ein Gerangel.

„Schluss damit!“, ertönt es da auch schon von Doktor Klugmann. „Soll ich erst Herrn Meisel holen?“

Sie erstarren endgültig. Er kennt sogar den Lehrer. Und jetzt fängt er an, von früher zu erzählen, als Schulklassen sich auf Reisen benahmen wie die Mucksmäuschen. Alle saßen kerzengerade, hielten Bücher in den Händen ...

Aber gerade, als der Erste aus der Klasse sich zu lachen getraut, sind sie am Ziel ihrer Reise. „Schade!“, sagen einige.

„Gott sei Dank", seufzt der junge Zugbegleiter, der die Wagentür öffnet. Alle steigen aus und versammeln sich auf dem Bahnsteig.

Doktor Klugmann steht in der Tür und wechselt ein paar Worte mit dem Zugbegleiter, der schon seine Abfahrtskelle unterm Arm hält. Tobias spitzt die Ohren. „Mann, Papa, wie hast du bloß die Rasselbande so ruhig gekriegt?"

„Kleiner Trick, mein Sohn. Schock sie, merk dir ein paar Namen. Laut genug reden sie ja. Und mit meinem Laptop sah ich wahrscheinlich sehr wichtig aus ..."

Der Zugbegleiter atmet tief durch und hebt die Kelle. Und Herr Meisel sagt: „Ich habe ja gewusst, auf euch kann man sich verlassen."

# Die Parkeisenbahn

„Ellen, räumst du heute mal dein Zimmer auf?“, fleht die Mutter.

„Null Bock! Hab Ferien!“, sagt Ellen.

„Wir gehen dann auch zur Parkeisenbahn!“, lockt die Mutter.

„Schon wieder Parkeisenbahn“, mault Ellen. „Kriege ich dann wenigstens ein Eis?“

Ihre Mutter verspricht es, und Ellen beginnt, zumindest ansatzweise das Chaos in ihrem Zimmer zu beseitigen.

Zwischen den alten Bäumen des Stadtparks, vorbei an sonnengesprenkelten Lichtungen, kreist die Parkeisenbahn, Gesamtstrecke 1,5 Kilometer.

Ellen ist mit der Mutter oft dort gewesen, sie kennt jede Station: Hauptbahnhof, Reparaturwerk, Parkcafé, Waldeslust, Hauptbahnhof. Langsam hat sie keine Lust mehr auf die ewig gleichen Runden.

Auch diesmal ist alles wie immer. Das

Getute, der Qualm aus der kleinen roten Diesellok, die drei rumpelnden Waggons ohne Dächer, mit vorgehängten Ketten statt Türen. Die zahlreichen Schaffner in den altmodischen Uniformen des Eisenbahn-Fördervereins, die eigentlich Schüler sind.

Doch dann wird Ellens Fahrkarte gelocht. Den Schaffner hat sie schon voriges Jahr ein paar Mal gesehen, aber da fand sie an ihm nichts Besonderes. Stirn, Nase, Mund, das lange braune Haar, die schlaksige Gestalt – nein, wirklich ...

Aus dem anderen Wagen ruft ihm ein Kollege etwas zu, Ellen versteht den Namen Mario. Und komisch, plötzlich findet Ellen es unverschämt, dass dieser nur ein bisschen ältere Mario ihr die Karte so nachlässig zurückreicht, die Augen schon beim nächsten Fahrgast.

Nach dem Aussteigen, beim Eis, wundert sich die Mutter, dass ihre Tochter sich auf einmal für den Eisenbahn-Förderverein interessiert. Und den Wunsch äußert, gleich heute nochmal wiederzukommen. Zur „Mondschein-Sonderfahrt“, für die ein großes Plakat wirbt.

„Nanu?“, fragt die Mutter.

„Ich finde Mondschein total romantisch!“, erklärt Ellen.

„Was ist bloß in dich gefahren?“ Die Mutter sieht Ellen prüfend an und lacht: „Hast du vielleicht Zugluft abbekommen?“

Am Abend zieht sich der Himmel zu. Statt des Mondes erleuchten Lampions die Bahnstrecke. Und statt eines gewissen Schaffners kontrolliert die Karten ein gemütlicher alter Herr, der Vorstand des Eisenbahn-Fördervereins höchstpersönlich.

Da will Ellen wissen, wie man Vereinsmitglied werden kann.

„Komm morgen früh um neun Uhr, wir räumen das Gelände auf, putzen Lok und Waggons. Und wenn du dann noch Mitglied werden möchtest ...“ Der Vorstand blinzelt der Mutter zu.

Die seufzt: „Oh weh, meine Tochter und Aufräumen? In den Ferien?“

Wie überrascht ist sie am nächsten Morgen, als Ellen tatsächlich früh aufsteht, sich wäscht und lange vor dem Spiegel steht. Und das freiwillig!

Im Park trifft sie den alten Herrn von gestern Abend und außerdem jede Menge anderer Kinder. Der Vorstand teilt Werkzeug aus. Ellen bekommt einen Eimer und einen Spachtel.

„Wozu?“, fragt sie verwundert.

„Wirst du gleich sehen“, schmunzelt der Vorstand.

Da es zu nieseln anfängt, arbeiten die Vereinsmitglieder heute im Reparaturwerk, das eigentlich nur ein großer Schuppen ist. Durch die blinden Scheiben fällt trübes Licht. Ellen kratzt gelangweilt Kaugummi vom Boden eines Bahnwagens. Wütend schabt sie sich von Bubble zu Bubble. Zufällig hebt sie den Blick: Im Gang, direkt gegenüber, kniet einer und kratzt ebenfalls. Es ist Mario. Drei Meter noch, und sie werden sich in der Mitte begegnen. Ob er dann auch wegguckt?

**Günter Grün** erblickte 1936 in einem Bahnwärterhäuschen an der Strecke Chemnitz–Leipzig das Licht der Welt. Die vorüberdampfenden Züge weckten in ihm die Liebe zur Pünktlichkeit, zum Verreisen und zur Eisenbahn. Das Tuten der Loks brachte ihn jedoch zunächst auf die Idee, Blasmusiker zu werden. Erst später entdeckte er sein Talent zum Schreiben von Liedern und Geschichten für Kinder. Und manchmal handeln diese dann eben von der Eisenbahn.

**Heribert Schulmeyer**, geboren 1954, zeichnet seit seinem 12. Lebensjahr, nachdem ihm seine Zwillingsschwester verboten hatte, weiter mit Ritterburgen zu spielen. Nach Schule und Studium wurde er Comiczeichner und freier Künstler. Heute arbeitet er für verschiedene Verlage und für den WDR bei der „Sendung mit der Maus“. Heribert Schulmeyer lebt und arbeitet in Köln.

# Leselöwen

## Jede Geschichte ein neues Abenteuer

Loewe